# આન્કડેજી વાર્તા

## THE NUMBER STORY

---

### SMALL BOOK ONE

ENGLISH - KUTCHI

---

*Numbers Teach Children
Their Number Names*

*written and illustrated by*

# MISS ANNA

Early Reader Edition of *The Number Story 1*
Bronze Medal Winner, 2016 Wishing Shelf Book Award

Library of Congress Control Number: 2018902040

Names: Miss Anna, author.
Title: Number story : numbers teach children their number names / Miss Anna.
Description: Portland, OR: Lumpy Publishing, 2018.
Identifiers: ISBN 978-1-949320-22-0| LCCN 2018902040
Summary: The pictures and rhymes present stories which introduce numbers 0-10.
Subjects: LCSH Numeration—English—Kutchi--Pictorial works--Juvenile literature. | BISAC JUVENILE NONFICTION /
Languages: English—Kutchi
Classification: LCC QA141.3 .M57 2018 | DDC 513—dc23

Publisher: Lumpy Publishing
Website: www.missannabooks.com
Email: missanna@missannabooks.com

Paperback: ISBN 978-1-949320-22-0
1 3 5 7 9 10 8 6 4 2

Want to learn our number names?

આન્કે આન્કડેજા નાલા શેખેજો ગમધો?

It is very easy and a lot of fun!

ઇ બઉ સેલો આય અને આનંદમે આય!

Say-along our little jingle

અસા ભેગો અઈ પણ વાર્તા ગાયો

starting from Number One!

પા હેકડે આન્કડેથી શરૂઆત કરિબો

# 1

ONE looks like my one finger.

૧ ☆ હેકડો

હેકડો મુઝી હેકડી આંગળી જેરો ડેસાજેતો

ONE!
હેકરો!

2

TWO   trails a tail.

૨ ✦ બો

બોજે પોઠીયા પોછડી આય

A TAIL! પોછડી!

# 3

THREE has bumps.

૩ ☆ ત્રે

ત્રે ખાડાટેકરી જેરો આય

BUMPY!   ખાડાટેકરી જેરો

# 4



૪ ☆ ચાર

ચાર નૌકા જેરો આય

4
A SAIL!
નૌકા!

# 5

FIVE   is a racing track.

પ ☆ પન્જ

પન્જ મોટરગાડીજે દોડ જે
વાટ જેરો ડેસાજેતો

VROOM
શ્રોમ!

# 6

SIX   curves like a snail.

૬ ☆ છ

છ ગોકળગાય વારેજી વણાંક જેરો આય

A SNAIL!    ગોકળગાય !

# 7

SEVEN has a sharp angle.

૭ ✦ સત

સતને ખુણો આણીવારો આય

BE CAREFUL! IT'S SHARP!

સાવચેત રોજા! ઇ બઉ અણીવારો આય!

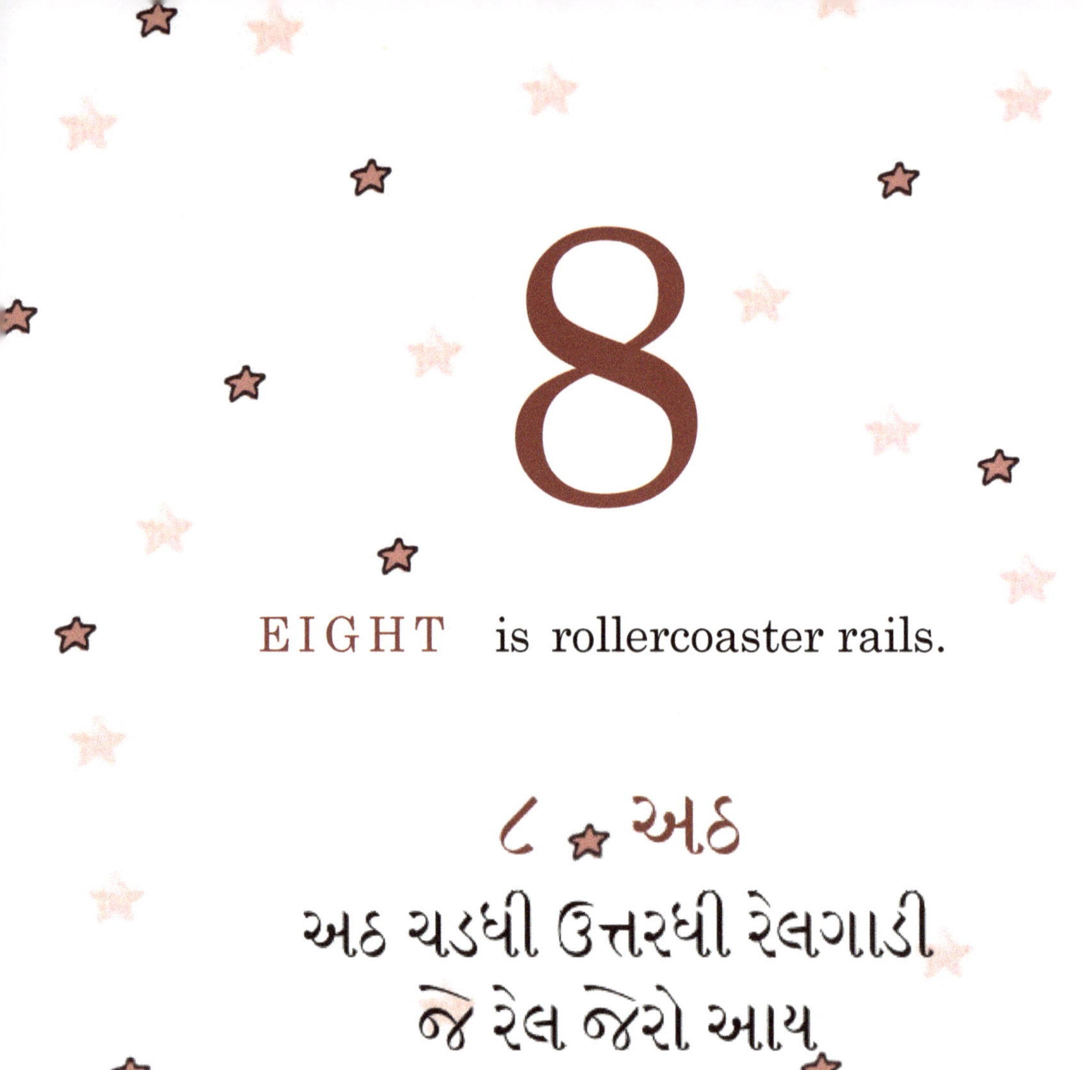

# 8

EIGHT   is rollercoaster rails.

૮ ✦ અઠ

અઠ ચડધી ઉત્તરધી રેલગાડી
ને રેલ નેરો આય

ยินดี!
YIPPEE!

9

નો લકડી તે પરપોટા જેરો આય

A BUBBLE!

પરપોટા!

# 10

TEN is an eye of a whale.

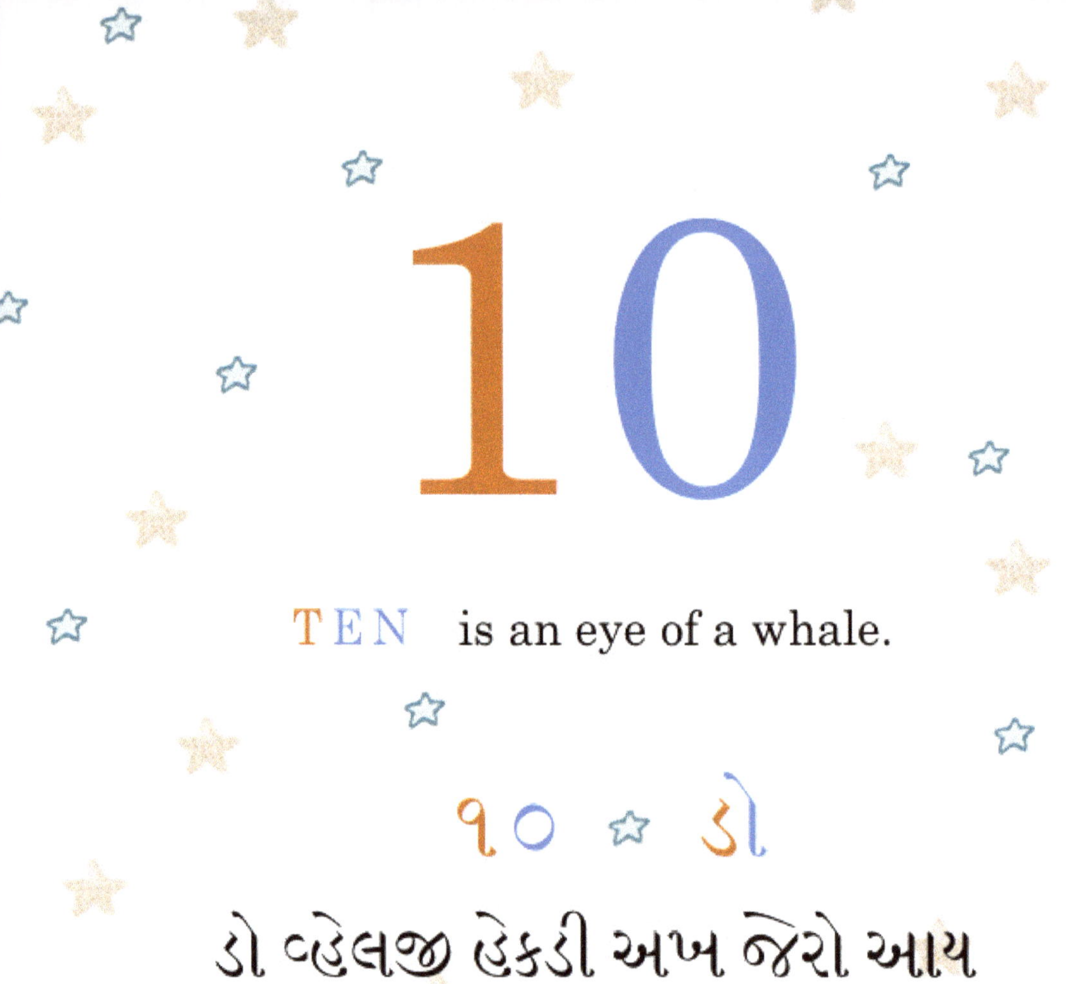

૧૦ ☆ ડો

ડો વ્હેલજી હેકડી અખ જેરો આય

HELLO!  પ્રણામ!

And અને

# 0

ZERO  is an empty pail.

૦ ★ મીંઢો

મીંઢો ખાલી ડોલ જેરો આય

IT'S EMPTY!
ખાલી આય!

Thank you for playing with us today.

We had a lot of fun too!

અજ અસા ભેગો અઇ રમ્યા હોનલા આંજે આભાર!
પા મેણીકે બઉ મજા આવઇ!

We are your Number friends,
Zero to Ten,
Who will be here for you~
અસી આંજા આંકડેવારા દોસ્તાર એહંઈયુ
મીંઢે થી ડો સુધી
અસી આલા કરીને હંમેશા હેતે જ અયું!


Bye-bye now!
See you again soon!
હલો હાણે અચીજા!
જપાટે મેલબો!

The Numbers are *SINGING* too!

To sing-a-long, look for Miss Anna Number Story
at your favorite music store like iTUNES.

MP3

## Numbers 0-10
### IDENTIFYING & COUNTING

Number Story 1 & 2

isbn: 978-0-996216-48-7

## Numbers 11-20 & Ordinals
first, second, third...

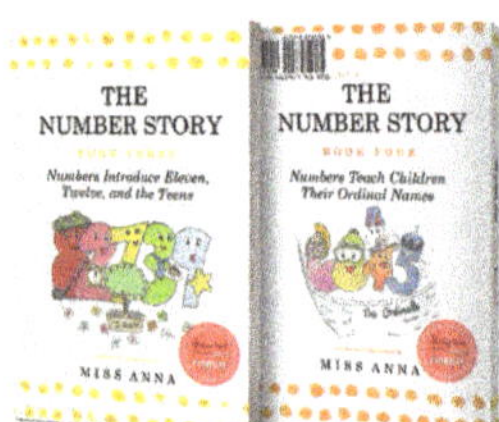

Number Story 3 & 4

isbn: 978-1-945977-01-5

## Numbers 0-100 & Place Values
ones, tens, hundreds...

Number Story 5 & 6

isbn: 978-1-945977-06-0

## About Clocks & Telling Time
hours, minutes, seconds...

Number Story 7 & 8

isbn: 978-1-949320-40-4

For more Miss Anna books to love,
visit us at

www.missannabooks.com

Numbers are working hard all over the world!
*Come Travel the World with Us!*

www.ingramcontent.com/pod-product-compliance
Lightning Source LLC
Chambersburg PA
CBHW040901070726
47599CB00035B/2264